Dalla stalla del

Sapore di matematica

Il mistero e
Il miracolo di
Matematica

(James applicazione di equazioni)
Volume 2

TEMITOPE JAMES

Autore e matematico
C.E.O: Sapore di matematica
www.flavorofmathematics.com
temitopejames922@gmail.com

La matematica è il tuo cibo............

SAPORE DI MATEMATICA

È un

società matematica che sarà presente alle vostre esigenze matematiche in qualsiasi momento.

Per la corrispondenza, i problemi, commenti, inviti, i media e il branding Business Connect ... noi .email e noi risponderemo a voi entro 24 ore. E-mail   @

info@flavorofmathematics.com

O

Passare attraverso il nostro sito per saperne di più su di noi su   www.flavorofmathematics.com

o

visitare il nostro blog per gli aggiornamenti matematici, notizie matematica, la prossima in arrivo libri dal sapore della MATEMATICA @ flavorofmathematics.blogspot.com

Riconoscimento

Desidero apprezzare i miei cari, matematica a colleghi e amici per mostrare me cura, amore, di sostegno e di affetto verso la pubblicazione di questo libro. Tutti voi rimarrà per sempre caro nel mio cuore.

Tutti i seguaci e gli amici sulla pagina Facebook, sapore folk, i nostri siti web ufficiali, twitter e blog del sapore di matematica. Grazie per il vostro incoraggiamento, e - mail e supporto. Ringrazio e apprezzo tutti voi per i vostri commenti.

La dedizione

Dedico questo libro a Dio Onnipotente per avermi concesso la sapienza e la conoscenza per scrivere questo libro con facilità. Possa il suo nome sia lode per sempre.

Vorrei inoltre dedicare questo libro a mia bella figlia (Ester James) e figlio (sapore James). Il sorriso sui vostri volti mi dà gioia per sempre apprezzare la vostra presenza nella mia vita.

Vorrei inoltre dedicare questo libro a tutti i devoti del matematico che hanno preso il loro tempo per contribuire al successo dell'istruzione matematica in tutto il mondo.

Prefazione

Siete i benvenuti al volume 2 del James applicazioni di equazioni. Il volume 1 è tutto il circa l atto di trovare i valori sconosciuti in più dato equazioni. Il James applicazione è anche tutte le informazioni sulla ricerca di valori sconosciuti in forme diverse per ottenere la stessa risposta alla data delle equazioni

Il volume 2 del James applicazione delle equazioni è quello di risolvere le diverse forme di equazioni secondo il dato passi dell'equazione. Questo libro è un libro che consentano di espandere la vostra conoscenza di trovare i valori sconosciuti ai passi equazione e questa applicazione può essere utilizzata in tutti gli argomenti di matematica del mondo ovvero se le domande dà spazio per trovare i valori incogniti della equazione in diverse forme

Il James Applicazione delle equazioni è una piattaforma destinata ad aumentare il quoziente intellettuale degli studenti per la ricerca di valori sconosciuti. La fase di equazioni in questo libro è una ricerca subita dal sapore di matematica

Si tratta di un argomento insolito che è recentemente introdotto nel mondo della matematica per rendere più facili i calcoli di studi soprattutto quando si tratta di questioni di trovare più valori incogniti in equazioni multiple

Per risolvere le domande dal James passi equazioni, ottenere il volume della serie "La matematica è il tuo cibo" per i vostri studi per ampliare le vostre conoscenze in matematica.

Dal

Sapore di matematica

M = molte persone non amano me perché mi sento troppo difficile

A = Tutti devono essere incompleto senza di me

T = esercitatevi in me e lei deve abituarsi a me

H = come triste alcune persone si sentono quando sentono parlare di me

E = impiegare me e scoprire che io sono univoci tra tutti gli altri corsi

M = set di molte soluzioni ai loro problemi matematici attraverso di me

A = almeno ho aiutato a coloro che lavorano con me

T = provare a me e vi sarà grande tra pari

I = sarà un bene per voi se ti concentri su di me

C = Venite a me e vi saranno buone in tutti i calcoli

S = Studio me e vi renderete conto io non sono così difficile come si pensa.

Capitolo primo

Introduzione

La fase di James equazioni è una piattaforma che contiene un disposto sotto forma di equazioni inteso a creare le variabili sconosciute o valori che si adatta il dato equazioni. La fase di James equazione è un occhio assolcatore per la soluzione di equazioni e come essi possono essere risolti che è anche correlato ad altri argomenti di matematica. Le buone notizie su questa ricerca è che il James passi equazione può essere applicazione a tutti gli argomenti di matematica cioè argomenti che possono essere moneta per un insieme di equazioni. Inoltre, il James passi equazione è anche parte del mistero e miracolo della matematica.

Sebbene la maggior parte della fase di James equazione normalmente hanno come risultato per il sistema di equazioni che ci porterà ad ottenere le risposte finali delle equazioni. Il James passi equazione può essere utilizzato solo nella forma di sostituzione e non di eliminazione e ha un sacco di vantaggio sulla maggior parte dei modi di risolvere per valori sconosciuti in equazione.

Tutti i matematici, gli studenti e i ricercatori dovrebbero comprendere i principi della Risolvere il James passi equazione per consentire loro di applicare lo stesso metodo di risolvere ad altri argomenti. La fase di James equazione ha le seguenti caratteristiche

- *Si tratta di una forma di sostituzione di metodo per la risoluzione di equazioni*
- *È molto conveniente in forma di immissione valori su equazioni*
- *Si tratta di un occasione per aprire gli occhi su più la ricerca di equazioni multiple*
- *Esso ha varie forme di start up per risolvere le equazioni*
- *Esso è applicabile alla maggior parte degli argomenti di matematica per una facile comprensione*
- *Essa serve come la principale applicazione a tutte le forme di risoluzione per i valori incogniti in una equazione*
- *È molto facile per professional matematici per comprendere con la risoluzione per i valori incogniti nell'equazione*

Lo svantaggio del James passo equazione può essere osservato come segue

- *Esso può essere molto frenetica a volte dovute alla fase disposizione delle equazioni*
- *Sostituzione molto sulle equazioni possono essere fonte di confusione per i partecipanti.*
- *Immissione delle equazioni e la creazione di più equazioni può essere a volte noioso.*

La fase di James equazione è un argomento molto interessante per tutti la matematica per la revisione. I passaggi delle equazioni servono come un atto di conoscere i valori che si adatta a tutte le equazioni in corrispondenza di un tempo.

Avviso importante

- *Studiando questo argomento sarà ampliare le vostre conoscenze in matematica sulla linea di trovare i valori sconosciuti in una determinata equazione.*
- *Tutti i matematici e i ricercatori devono applicare il James passo delle*

equazioni su altra base argomenti di matematica per vedere se la domanda è sbagliata. Sebbene la domanda è stato testato sui seguenti argomenti
come numero base, matrice, semplice media aritmetica etc

- **Questo argomento è un braccio del James applicazione delle equazioni**
- **Per risolvere numerose questioni da James passo equazione, procuratevi una copia del 'mathematics è il tuo cibo"(la serie di fasi di James equazione) per migliorare la vostra abilità intellettuale nello studio della matematica.**

Qualsiasi ulteriore problema, lamentarsi o di partecipazione deve essere inoltrata al nostro funzionario indirizzo e - mail sistema e vi risponderemo entro 24 ore.

Sedetevi e rilassatevi, meditare e studiare il James passo equazione. Avere un buon tempo nello studio di questa applicazione.

Temitope James
Sapore di matematica
C.E.O

Capitolo Due

JAMES PASSO 3, 2, 1'equazione

Il James passo 3, 2, 1 l'equazione è la più semplice di tutte le attività di ricerca. è quasi lo stesso come il simultaneo equazione. Si tratta di un'equazione che assomiglia a questo;

$$\text{Equazione 1;} \quad 3b - 7d + c = 12$$
$$3b + d = 19$$
$$b = 14$$
$$\text{Equazione 2;} \quad 3b - 7d + c = 12$$
$$3b + d = 19$$
$$2b = 14$$
$$\text{Equazione 3;} \quad 3b - 7d + c = 12$$
$$b = 14$$
$$3b + d = 19$$

Questa forma di equazione ha il suo proprio modo speciale o atto di risoluzione di essa e che è la più semplice di tutte le fase di James equazioni. Inoltre, questo tipo di passo equazioni contiene tre valori sconosciuti o variabili e ha tre passaggi.

Che cosa dovete conoscere circa questa equazione;

- *La fase tre equazione dispone già di un dato valore. Per esempio sopra nella equazione 1; b = 14*
- *Inoltre, nella fase tre equazione, la terza equazione potrebbe non disporre già di un dato*

*valore nell'equazione. Per esempio sopra;
equazione 2;*

$$2b = 14$$

- *La fase tre equazione può essere disposti comunque insieme così lontano che contiene tre o due valori sconosciuti o variabili*
- *L atto di risolvere l'equazione è basata sul metodo di sostituzione per le equazioni.*
- *Metodo di eliminazione non è consentita in fase di James equazione*
- *Numeri negativi o alfabeto rappresentanti è consentito*
  Esempio;
  1. Qual è il valore di c, d e q nella equazione

$$c - d + q = 7$$
$$2d - q = 6$$
$$c = 4$$

  Soluzione;

Poiché c = 4, posizionare il valore di c nella prima equazione (c – d + q = 7) per fare un'equazione

$$Cioè - d + q = 7$$
$$2d - q = 6$$

(risolvendo l'equazione entrambi contemporaneamente ci darà d = 9, q = 12

Quindi; d = 9, q = 12 e c = 4

2. Trovare il valore di c, b e una in $c + b - a = 14$

$$2c + 5a = -2$$
$$c = 6$$

Soluzione;

Poiché $c = 6$, posizionare il valore di c nella seconda equazione per dare a noi il valore di un

$$\text{Cioè } 2c + 5a = -2$$
$$2(6) + 5a = -2$$
$$a = -\,^{14}/_5$$

Poiché il valore di a è ottenuto, posizionare il valore di a e c nella prima equazione per ottenere il valore di b ovvero

$$c + b - a = 14$$

$$(6) + b - (-\,^{14}/_5) = 14$$

Nelle espressioni di cui sopra, il valore di b in data come $^{26}/_5$

Quindi; $a = -\,^{14}/_5$, $b = \,^{26}/_5$ e $c = 6$

3. Trovare il valore di d, b e una in

$$2a + 3b - d = 16$$
$$b - 2d = 10$$
$$2b = 16$$

Soluzione;

In questione; $2b = 16$, il che significa che il valore di $b = 8$

Posizionare il valore di b nella seconda equazione;

$$b - 2d = 10; (8) - 2d = 10; d = -1$$

Poiché il valore di d e b è ottenuto, collocare i valori nella prima equazione per ottenere il valore di a ovvero

$$2a + 3b - d = 16$$
$$2a + 3(8) - (-1) = 16$$
$$a = -\,{}^9/_2$$

Pertanto; $a = -\,{}^9/_2$, b = 8, d = -1$

Dagli esempi di cui sopra; esso mostra che è possibile per noi per sostituire i numeri di equazioni per ottenere la nostra risposta finale.

Vantaggio del James 3, 2, 1' equazione
1. **È molto semplice**
2. **È molto comodo**
3. **Si tratta di non consumare il tempo di risolvere**
4. **È molto facile capire etc**

Questa è la più semplice di tutte le fase di James equazioni e è dimostrare a noi che le equazioni possono essere manipolati per noi per ottenere risposte finali o le equazioni per ottenere le nostre risposte finali.

Per ottenere più domande per risolvere i problemi e migliorare le vostre conoscenze in questo argomento, ottenere la copia del "la Matematica è il tuo cibo" (James passo 3, 2, 1 equazioni) per risolvere più domande su questo argomento.

Capitolo Tre

JAMES PASSO 3, 2, 2 le equazioni

Il James passo 3, 2, 2 è anche una semplice forma di equazione per risolvere convenientemente. Esso contiene tre equazioni che ha tre valori sconosciuti ma in forma di questo stile;

Equazione 1;	$a - b + g = 11$
	$2a + b = 4$
	$a + g = 5$
Equazione 2;	$a - b + g = 11$
	$a + g = 5$
	$2a + b = 4$
Equazione 1;	$2a + b = 4$
	$a - b + g = 11$
	$a + g = 5$

Le equazioni di cui sopra mostra come il James passo 3, 2, 2' equazione. La forma di equazione possono essere miscelati in qualsiasi forma finora esso contiene un 3, 2, 2 forma di James passo equazione. Come è possibile vedere sopra; è un'equazione che contiene tre valori sconosciuti in forma diversa.

Che cosa sapete circa il James passo 3, 2, 2'equazione

- *La fase tre equazione non dispone già di un dato valore. Per esempio sopra in equazione 1, 2, e 3, è possibile vedere alcune equazioni simili; $a + g = 5$ e $2a + b = 4$*

- *Inoltre, nella fase di James 3, 2, 2'equazione, nessun valore deve essere fornito in domande a differenza del James 3, 2, 1'equazione*
- *La fase tre equazione può essere disposti comunque insieme così lontano che contiene tre o due valori sconosciuti o variabili*
- *L atto di risolvere l'equazione è basata sul metodo di sostituzione per le equazioni.*
- *Metodo di eliminazione non è consentita in fase di James equazione*
- *Numeri negativi o alfabeto rappresentanti è consentito*

Esempi;
1. Qual è il valore di a, b e c in $a - b + c = 8$
$$a - c = 4$$
$$b - a = -4$$

Soluzione;

In questo caso è possibile sostituire la seconda e terza equazione insieme o si può solo sostituire sia la seconda o la terza equazione separatamente sul 1 equazione per produrre simultaneamente una equazione.

Sostituire la terza equazione $b - a = -4$ a diventare $B = -4 + a$. (immissione b alla equazione 1)

$a - b + c = 8$; $a - (-4 + a) + c = 8$. $c = 4$

Poiché il valore di c è 4, posto c alla seconda equazione e cioè $a - c = 4$; quando $c = 4$; $a - (4) = 4$, $a = 8$

Poiché $a = 8$ e $c = 4$, posizionare entrambi i valori al 1° equazione ovvero $a - b + c = 8$; $(8) - b + (4) = 8$; il valore di b è dato come 4. Pertanto, $a = 8$ e $c = 4$ e $b = 4$

2. Qual è il valore di d, q e c in

$$c - 2d + q = 10$$
$$d + 4q = 8$$
$$c - q = 4$$

Soluzione;

Come abbiamo detto in precedenza nel primo esempio, è possibile sostituire la seconda e terza equazione insieme o si può solo sostituire sia la seconda o la terza equazione separatamente sul 1 equazione per produrre simultaneamente una equazione.

Sostituire la terza equazione $c - q = 4$ per diventare $c = 4 + q$. Posizionare il sostituto alla equazione 1;

$c - 2d + q = 10$; $4 + q - 2d + q = 10$; essa produce un equazione come $2q - 2d = 6$.

L'equazione $2q - 2d = 6$ e $d + 4q = 8$ è risolto simultaneamente e produce una risposta a diventare

$d = {}^{-4}/_5$, $q = {}^{11}/_5$

Posizionare il valore di d e q al 1° equazione per ottenere il valore di c come ${}^{31}/_5$

Pertanto la nostra risposta finale è $d = {}^{-4}/_5$, $q = {}^{11}/_5$, $c = {}^{31}/_5$

Dagli esempi di cui sopra; esso mostra che è possibile per noi per sostituire le equazioni per ottenere la nostra risposta finale.

Vantaggio del James 3, 2, 2' equazione
1. *È molto semplice*
2. *È molto comodo*
3. *Si tratta di non consumare il tempo di risolvere*
4. *È molto facile capire etc*

Gli svantaggi del James 3, 2, 2 le equazioni
1. *Sostituendo entrambe le seconda e terza equazione può essere confuso*

Questa è la forma di James passo equazioni è semplice e pura ed è dimostrare a noi che le equazioni possono essere manipolati per noi per ottenere risposte finali o un sostituto di serie possono essere manipolati per ottenere le nostre risposte finali.

Per ottenere più domande per risolvere i problemi e migliorare le vostre conoscenze in questo argomento, ottenere la copia del "la Matematica è il tuo cibo" (James equazioni) per risolvere più domande su questo argomento.

Capitolo Quattro

JAMES PASSO 3, 2, 4 le equazioni

Il James passo 3, 2, 3' equazione è anche un semplice tipo di equazione. Si tratta di un'equazione che contiene quattro valori sconosciuti all'ultima equazione e tre valori sconosciuti alla prima equazione. Si può notare come;

Equazione 1	$6c + 2d - 3u = 10$
	$d - 3u = 6$
	$c + d + 4u + d = 3$
Equazione 2	$d - 3u = 6$
	$c + d + 4u + d = 3$
	$6c + 2d - 3u = 10$

La fase di James equazione di cui sopra è un'equazione che contiene mista valori sconosciuti.

Che cosa dovete conoscere circa il James 3, 2, 3 fase equazione;

- *Esso contiene quattro valori sconosciuti in tre serie di equazioni.*
- *Esso può essere risolto in forma di 3, 2, 4; 2, 3, 4 o 4, 3, 2*
- *Esso può anche contenere quattro valori sconosciuti con quattro equazione ovvero quando un valore sconosciuto non è incluso nella equazione (vedere equazione 2)*

- *Risolvere il James 3, 2, 4 fase equazione è basata sul metodo di sostituzione*
- *Numeri negativi o alfabeto rappresentanti è consentito*

Esempio

1.
$$2a - b + c = 14$$
$$c + f = 1$$
$$a - f + b + c = 3$$

Nella suddetta equazione, trovare il valore di a, b, c e f

Soluzione;

Abbiamo la seconda equazione come c + f = 1, sostituire la seconda equazione per diventare c = 1 – f. posto (1 – f) sia per l'equazione 1 e l'equazione 3 per sostituzione;

$$2a - b + c = 14; \quad 2a - b + (1 - f) = 14;$$

risulta $2a - b - f = 13$ ....(i)

Inoltre, $a - f + b + c = 3; \quad a - f + b + (1 - f) = 3;$
risulta $a + b - 2f = 2$ ....(ii)

Portare le due equazioni insieme $2a - b - f = 13$ *e* $a + b - 2f = 2$. *(tornare al volume di questo libro per sapere come risolvere le due equazioni con tre variabili incognite)*

Pick up $2a - b = 13$ *e* $a + b = 2$ *(quando risolte simultaneamente, abbiamo* $a = 5$ *e* $b = -3$*). Inoltre il valore di f sarà pari a zero.*

Per ottenere il valore di c; c + f = 1; c + 0 = 1 e c = 1

Pertanto, c = 1, a = 5, b = – 3 e f = 0

2.
$$p + 2d - m = 20$$
$$p - 2h = 18$$
$$3d - 2p + h - 2m = 10$$

Nella suddetta equazione, trovare il valore di a, p, h e m

Soluzione;

Abbiamo la seconda equazione come p – 2h = 18, sostituisce la seconda equazione per diventare

p = 18 – 2h. Luogo (18 + 2h) sia per l'equazione 1 e l'equazione 3 per sostituzione;

p + 2d – m = 20; (18 + 2h) + 2d – m = 20; risulta a 2h + 2d – m = 2........(i)

Inoltre, 3d – 2p + h – 2m = 10; 3d – 2(18 + 2h) + h – 2m = 10; risulta – 3h + 3d – 2m = 16.......(ii)

Portare le due equazioni insieme

2h + 2d – m = 2 e – 3h + 3d – 2m = 16.

(tornare al volume di questo libro per sapere come risolvere le due equazioni con tre variabili incognite)

Pick up 2h + 2d = 2 e – 3h + d = 16 (quando risolte simultaneamente, abbiamo h = $-^{13}/_6$ e d = $^{19}/_6$).

Inoltre, il valore di m sarà zero.

Per ottenere il valore di p; p – 2h = 18; p – 2($^{-13}/_6$) = 18; p = 18 + 2($^{-13}/_6$); p = $^8/_3$

Pertanto, h = $^{-13}/_6$, d = $^{19}/_3$, p = $^8/_3$ e m = 0

Dagli esempi di cui sopra; esso mostra che è possibile per noi per sostituire le equazioni per ottenere la nostra risposta finale.

Vantaggio del James 3, 2, 4 le equazioni
1. *È molto semplice*
2. *È molto comodo*
3. *Si tratta di non consumare il tempo di risolvere*
4. *È molto facile capire etc*

Gli svantaggi del James 3, 2, 4 le equazioni
1. *Sostituendo entrambe le prima e terza equazione può essere confuso*
2. *Miscele di alfabeto possono portare ad un errore se non viene data una concentrazione completa*

Questa è la forma di James passo equazioni è semplice e pura ed è dimostrare a noi che le equazioni possono essere manipolati per noi per ottenere risposte finali o un sostituto di serie possono essere manipolati per ottenere le nostre risposte finali.

Per ottenere più domande per risolvere i problemi e migliorare le vostre conoscenze in questo argomento, ottenere la copia del "la Matematica è il tuo cibo" *(Giacomo 3, 2, 4 fase equazioni)* **per risolvere più domande su questo argomento.**

Capitolo 5

JAMES PASSO 3, 2, 3 equazioni

Il James passo 3, 2, 3'equazione è anche un semplice tipo di equazione. Si tratta di un'equazione che contiene tre valori sconosciuti all'ultimo e la prima equazione. Si può notare come;

Equazione 1	$c + 5d - f = 10$
	$c - f = 3$
	$c + d + f = 34$
Equazione 2	$d - 3u = 6$
	$c + 4u + d = 3$
	$6c + 2d - 3u = 10$

La fase di James equazione di cui sopra è un'equazione che contiene mista valori sconosciuti.

Che cosa dovete conoscere circa il James 3, 2, 3 fase equazione;

- *Esso contiene tre valori sconosciuti in tre serie di equazioni.*
- *Esso può essere risolto in forma di 3, 2, 3; 2, 3, 3 o 3, 3, 2*
- *Risolvere il James 3, 2, 3 fase equazione è basata sul metodo di sostituzione*
- *Numeri negativi o alfabeto rappresentanti è consentito*

Esempi

1. Qual è il valore di d, b, una in $d - 2b + a = 40$
$$2b + d = 11$$
$$b + 2d - 3a = 20$$

Soluzione;

Prelevare la seconda equazione e sostituto ovvero

$2b + d = 11$; **diventa** $d = 11 - 2b$.

Posto $d = 11 - 2b$ **per entrambe la prima e la terza equazione per portare fuori due equazioni simultanee;**

$d - 2b + a = 40$; $(11 - 2b) + d = 11$; $-4b + a = 29$........(i)

Luogo d per la terza equazione ovvero $b + 2d - 3a = 20$

$b + 2(11 - 2b) - 3a = 20$; **essa produrre** $-3b - 3a = -2$

Portare le due equazioni insieme $-3b - 3a = -2$ **e** $-4b + a = 29$; **essa produrre b come** $-17/3$ **e un come** $19/3$

Poiché b e a è ottenuto quindi d diventa $67/3$

Così, $b = -17/3$, $a = 19/3$, $d = 67/3$

2. Trovare il valore di d, b, una in $2a + b - d = 14$
$$a - b = 1$$
$$a + b + 2d = 18$$

Soluzione;

Prelevare la seconda equazione e sostituto ovvero $a - b = 1$; **diventa** $a = 1 + b$.

Posto a = 1 + b per entrambe la prima e la terza quazione per portare fuori due equazioni simultanee;

2a + b – d = 14; 2(1 + b) + b – d = 14; 3b – d = 12........(i)

Luogo d per la terza equazione ovvero a + b + 2d = 18

(1 + b) + b + 2d = 18; essa produrre 2b + 2d = 17

Portare le due equazioni insieme 3b – d = 12 e 2b + 2d = 17; essa produrre b come $^{41}/_8$ e d come $^{27}/_8$

Poiché b e d è ottenuto pertanto un diventa $^{49}/_8$

Così, b = $^{41}/_8$, a = $^{49}/_8$, d = $^{27}/_8$

Dagli esempi di cui sopra; esso mostra che è possibile per noi per sostituire le equazioni per ottenere la nostra risposta finale.

Vantaggio del James 3, 2, 3 equazioni
1. **È molto semplice**
2. **È molto comodo**
3. **Si tratta di non consumare il tempo di risolvere**
4. **È molto facile capire etc**

Gli svantaggi del James 3, 2, 3 equazioni
1. **Sostituendo entrambe le prima e terza equazione può essere confuso**
2. **Miscele di alfabeto possono portare ad un errore se non viene data una concentrazione completa**

Questa è la forma di James passo equazioni è semplice e pura ed è dimostrare a noi che le equazioni

possono essere manipolati per noi per ottenere risposte
finali o un sostituto di serie possono essere manipolati
per ottenere le nostre risposte finali.

Per ottenere più domande per risolvere i problemi e
migliorare le vostre conoscenze in questo argomento,
ottenere la copia del "la Matematica è il tuo cibo
" (Giacomo 3, 2, 3 fase equazioni) per risolvere più
domande su questo argomento.

Capitolo 6

JAMES PASSO 4, 3, 4 le equazioni

Il James passo 4, 3, 4' equazione è anche un semplice tipo di equazione. Si tratta di un'equazione che contiene quattro valori sconosciuti all'ultimo e la prima equazione. Si può notare come;

$$\text{Equazione 1} \qquad c - 2b + 5d - f = 10$$
$$3b + c - f = 3$$
$$c + d + f - 5b = 34$$

$$\text{Equazione 2} \qquad d - 3u + a = 6$$
$$c + 4u + d - 3a = 3$$
$$4a - 6c + 2d - 3u = 10$$

La fase di James equazione di cui sopra è un'equazione che contiene mista valori sconosciuti.

Che cosa dovete conoscere circa il Giacomo 4, 3, 3 fase equazione;

- *Esso contiene quattro valori sconosciuti in tre serie di equazioni.*
- *Esso può essere risolto in forma di 4, 3, 4; 3, 4, 4 o 4, 4, 3*
- *Risolvere il Giacomo 4, 3, 4 fase equazione è basata sul metodo di sostituzione*
- *Numeri negativi o alfabeto rappresentanti è consentito*
- *Metodo di eliminazione non è consentita in questa applicazione*

Esempi

1. Qual è il valore di d, b, a e c di seguito

$$a - 2b - c + d = 10$$
$$b - c - d = 4$$
$$2a + b - 3c + d = 16$$

Soluzione;

Sostituire b – c – d = 4 per diventare b = 4 + c + d

Posizionare il sostituto in entrambi il primo equazione ovvero

a – 2b – c + d = 10; a – 2(4 + c + d) – c + d = 10;

Esso diventa a – 3c – d = 18.....................(i)

Posizionare il sostituto sia la terza equazione ovvero

2a + b – 3c + d = 16; 2a + (4 + c + d) – 3c + d = 16

2a – 2c + 2d = 12...................................(ii)

(portando le due equazioni insieme e risolto in forma di James applicazione)

a – 3c – d = 18 e 2a – 2c + 2d = 12

Nota; controllare il volume 1 del James Applicazione delle equazioni per sapere come risolvere il tipo di equazioni sopra)

Risolvere le due equazioni di cui sopra, a = 0, c = – 6, d = 0

Immissione di valori in corrispondenza sia l'equazione 1 e l' equazione 3 si dà come b – 2

Quindi; $a = 0$, $b = 2$, $c = -6$, $d = 0$.

Esempi

2. Trovare il valore di d, b, a e c di seguito

$$4b - c + 2d + a = 20$$
$$c - d + 2a = -10$$
$$b + 2c - d + 5a = 8$$

Soluzione;

Sostituire $c - d + 2a = -10$ per diventare $c = -10 + d - 2a$

Posizionare il sostituto in entrambi il primo equazione ovvero

$4b - c + 2d + a = 20$; $4b - (-10 + d - 2a) + 2d + a = 20$;

Diventa $4b + d + 3a = 10$.....................(i)

Posizionare il sostituto sia la terza equazione ovvero

$b + 2c - d + 5a = 8$; $b + 2(-10 + d - 2a) - d + 5a = 8$

$b + d + a = 28$...............................(ii)

(portando le due equazioni insieme e risolto in forma di James applicazione)

$4b + d + 3a = 10$ e $b + d + a = 28$

Nota; controllare il volume 1 del James Applicazione delle equazioni per sapere come risolvere il tipo di equazioni sopra)

Risolvere le due equazioni di cui sopra, $a = 0$, $b = -6$, $d = 34$

Immissione di valori in corrispondenza sia l'equazione 1 e l'equazione 3 a c dà come 24.

Cioè

$4b - c + 2d + a = 20$; $4(-6) - c + 2(34) + 0 = 20$; $c = 24$

Quindi; $d = 34$, $c = 24$, $b = -6$, $a = 0$.

Dagli esempi di cui sopra; esso mostra che è possibile per noi per sostituire le equazioni per ottenere la nostra risposta finale.

Vantaggio del James 4, 3, 4 le equazioni
1. **È molto semplice**
2. **È molto comodo**
3. **Si tratta di non consumare il tempo di risolvere**
4. **È molto facile capire etc**

Gli svantaggi del James 3, 2, 3 equazioni
1. **Sostituendo entrambe le prima e terza equazione può essere confuso**
2. **Miscele di alfabeto possono portare ad un errore se non viene data una concentrazione completa**

Questa è la forma di James passo equazioni è semplice e pura ed è dimostrare a noi che le equazioni possono essere manipolati per noi per ottenere risposte finali o un sostituto di serie possono essere manipolati per ottenere le nostre risposte finali.

Per ottenere più domande per risolvere i problemi e migliorare le vostre conoscenze in questo argomento, ottenere la copia del "la Matematica è il tuo cibo" (Giacomo 4, 3, 4 fase equazioni) per risolvere più domande su questo argomento.

Capitolo 7

JAMES PASSO 4, 3, 2, 1' equazione

Il James passo 4, 3, 2, 1 equazione è uno dei passi di noioso del James passi dell'equazione. Esso contiene quattro equazioni e quattro variabili sconosciute o valori. A volte si può anche contenere tre valori sconosciuti o variabili e possono essere fornite in forma di questo stile di seguito;

$$\text{Equazione 1} \qquad 6c + 2d - 3u + g = 10$$
$$d - 3u + 5g = 6$$
$$d + g = 3$$
$$g = -1$$

$$\text{Equazione 2;} \qquad 6c + 2d - 3u + g = 10$$
$$d - 3u + 5g = 6$$
$$d + g = 3$$
$$2g = -14$$

La fase di James equazione di cui sopra è un'equazione che contiene mista valori sconosciuti.

Che cosa dovete conoscere circa il James 5, 4, 3, 2, 1 passo equazione;

- *Esso contiene tre valori sconosciuti con quattro equazioni ovvero quando un valore sconosciuto è dato dall'equazione (vedere equazione 1)*
- *Esso può anche contenere quattro valori sconosciuti con quattro equazione ovvero quando un valore sconosciuto non è incluso nella equazione (vedere equazione 2)*

- **Risolvere il Giacomo 4, 3, 2, 1 passo equazione è basata sul metodo di sostituzione**
- **Metodo di eliminazione non è consigliabile per questa forma di equazione**

Esempio;

1. Trovare il valore di a, b, c e d

$$a + 3b - 2c + q = 11$$
$$2b - c + 2q = 10$$
$$c + q = 6$$
$$c = 2$$

Soluzione;

$$a + 3b - 2c + q = 11.......L'equazione\ 1$$
$$2b - c + 2q = 10...........L'equazione\ 2$$
$$c + q = 6............l'equazione\ 3$$
$$c = 2...........Il\ valore\ di\ c$$

Poiché c è dato come 2; luogo 2 alla terza equazione per rendere q come 4

Poiché c = 2 e d = 4, collocare i valori alla equazione 2 per rendere b come 2.

Poiché c = 2, q = 4 e b = 2, collocare questi valori presso la prima equazione.

Quindi; c = 2 e b = 2, q = 4 e a = 5

2. Qual è il valore di c, d, a e b

$$a - b - c - d = 12$$
$$2b + c - 4d = -6$$
$$a - d = 6$$
$$a = 5$$

Soluzione

$$a - b - c - d = 12 \ldots\ldots\ldots\ldots l'equazione\ 1$$
$$2b + c - 4d = -6 \ldots\ldots\ldots l'equazione\ 2$$
$$a - d = 6 \ldots\ldots\ldots\ldots L'equazione\ 3$$
$$a = 5 \ldots\ldots Il\ valore\ di\ un$$

Posizionare una alla equazione 3 per rendere d come − 1

Posizionare il valore di a e d in equazione 1 per fare un'equazione come − b − c = 6

Inoltre, luogo d = − 1 l'equazione 2 per rendere come equazione come 2b + c = − 10

Quindi; − b − c = 6 e 2b + c = − 10

$$b = -4,\ c = -2)$$

Poiché b = − 4, c = − 2

Quindi; b = − 4, c = − 2, a = 5 e d = − 1

Dagli esempi di cui sopra; esso mostra che è possibile per noi per sostituire le equazioni per ottenere la nostra risposta finale.

Vantaggio del James 4, 3, 2, 1'equazione
1. **È molto semplice**
2. **È molto comodo**
3. **Si tratta di non consumare il tempo di risolvere**
4. **È molto facile capire etc**

Gli svantaggi del James 4, 3, 2, 1' equazione
1. **Sostituendo entrambe le prima e terza equazione può essere confuso**
2. **Miscele di alfabeto possono portare ad un errore se non viene data una concentrazione completa**

Questa è la forma di James passo equazioni è semplice e pura ed è dimostrare a noi che le equazioni possono essere manipolati per noi per ottenere risposte finali o un sostituto di serie possono essere manipolati per ottenere le nostre risposte finali.

Per ottenere più domande per risolvere i problemi e migliorare le vostre conoscenze in questo argomento, ottenere la copia del "la Matematica è il tuo cibo" (Giacomo 4, 3, 2, 1 passo equazioni) per risolvere più domande su questo argomento.

Capitolo 8

JAMES PASSO 5, 4, 3, 2, 1'equazione

Il James passo 5, 4, 3, 2, 1 equazione è uno dei passi di noioso del James passi dell'equazione. Esso contiene cinque equazioni e cinque variabili sconosciute o valori. A volte si può anche contenere quattro valori sconosciuti o variabili e possono essere fornite in forma di questo stile di seguito;

$$\text{Equazione 1} \qquad 6c + 2d - 3u + g = 10$$
$$d - 3u + 5g = 6$$
$$d + g = 3$$
$$g = -1$$

$$\text{Equazione 2;} \qquad 6c + 2d - 3u + g = 10$$
$$d - 3u + 5g = 6$$
$$d + g = 3$$
$$2g = -14$$

La fase di James equazione di cui sopra è un'equazione che contiene mista valori sconosciuti.

Che cosa dovete conoscere circa il Giacomo 4, 3, 2, 1 passo equazione;

- *Esso contiene tre valori sconosciuti con tre equazioni ovvero quando un valore sconosciuto è dato dall'equazione (vedere equazione 1)*

- **Esso può anche contenere quattro valori sconosciuti con quattro equazione ovvero quando un valore sconosciuto non è incluso nella equazione (vedere equazione 2)**
- **Risolvere il James 5, 4, 3, 2, 1 passo equazione è basata sul metodo di sostituzione**
- **Metodo di eliminazione non è consigliabile per questa forma di equazione**

1. **Trovare il valore di e, c, d, b e g**

$$a - b + c + d - 2e = 10$$
$$b + c - d + e = 6$$
$$a - b - c = 1$$
$$b + d = 6$$
$$d = 4$$

Soluzione;

$$a - b + c + d - 2e = 10.....L'equazione\ 1$$
$$b + c - d + e = 6..........L'equazione\ 2$$
$$a - b - c = 1............\ equazione\ 3$$
$$b + d = 6.............\ l'equazione\ 4$$
$$d = 4.....\ \ \ \ Il\ valore\ di\ d$$

Poiché il valore di d è 4, posizionare il valore di d nella equazione 4 per rendere b come 2. d = 4, b = 2

Posizionare il valore di d e b nella seconda equazione

Cioè b + c – d + e = 6; 2 + c – 4 + e = 6

Essa produrre l'equazione c + e = 8 ....

L'equazione 5

Posiziona inoltre il valore di d e b alla equazione 1

Cioè $a = b + c + d - 2e = 10$

$a - 2 + c + 4 - 2e = 10$;

Diventa $a + c - 2e = 8$.........L'equazione 6

Prelevare la equazione 5, $(c + e = 8)$ e sostituto

$e = 8 - c$.

Posizionare il sostituto $e = 8 - c$ di

equazione 6 e sostituto ovvero $a + c - 2(8 - c) = 8$;

Diventa $a + 3c = 24$.....L'equazione 7

Pick up equazione 3. Posizionare il valore di b in

equazione 3 cioè $a - b - c = 1$ e

Diventa $a - c = 3$........L'equazione 8.

Ora portare l'equazione 7 e l'equazione 8 e

risolvere simultaneamente.

$(a + 3c = 24$ e $a - c = 3)$.

Così, $a = {}^{33}/_4$ e $c = {}^{21}/_4$

Ora collocando il valore di a, c, b e d nella

equazione 1, il valore di e ci darà $e = {}^{11/4}$

Quindi; $b = 2$, $d = 4$, $e = {}^{11}/_4$, $c = {}^{21}/_4$, $a = {}^{33}/_4$

2. Trovare il valore di e, c, d, b e a

$$a + b - 2c + d - e = 20$$
$$b - 2c - d + e = 10$$
$$a - d + e = 5$$
$$c + d = 8$$
$$c = 9$$

Soluzione;

$$a + b - 2c + d - e = 20........L'equazione\ 1$$
$$b - 2c - d + e = 10.........L'equazione\ 2$$
$$a - d + e = 5..............l'equazione\ 3$$
$$c + d = 8...........L'equazione\ 4$$
$$c = 9.......Il\ valore\ di\ c$$

Poiché il valore di c è 9, posizionare il valore di c nella equazione 4 per ottenere il valore di d come – 1. Poi c = 9 e d = – 1.

Pick up equazione 2 e posizionare il valore di b e c; b – 2c – d + e = 10; b – 2(9) – (–1) + e = 10

Essa produrre l'equazione b + e = 27....L'equazione 5

Sostituire l' equazione 5 come b = 27 – e

Pick up equazione 1 e inserire il valore di b e c;

a + b – 2c + d – e = 20;

a + b – 2(9) + (– 1) – e = 20;

Esso diventa a + b – e = 39........l'equazione 6

Posizionare il valore di b in equazione 6;

a + b – e = 39

a + (27 – e) – e = 39; a – 2e = 12...... equazione 7

Posizionare il valore di d nella equazione 3

Cioè a – d + e = 5; a – (– 1) + e = 5;

a + e = 4.....L'equazione 8

(portando entrambe le equazioni 7 e l'equazione 8 insieme e di risolvere contemporaneamente)

$a = {}^{20}/_3$ e $e = {}^{-8}/_3$

Posizionare il valore di a e d e c per ottenere il valore di b. cioè a + b – 2c + d – e = 20

$$(^{20}/_3) + b - 2(9) + (-1) - (-^8/_3) = 20$$

$$b = {}^{89}/_3$$

Pertanto, b = $^{89}/_3$, d = – 1, c = 9, a = $^{20}/_3$, e = $^{-8}/_3$

Dagli esempi di cui sopra; esso mostra che è possibile per noi per sostituire le equazioni per ottenere la nostra risposta finale.

Vantaggio del James 4, 3, 2, 1'equazione

1. **È molto semplice**
2. **È molto comodo**
3. **Si tratta di non consumare il tempo di risolvere**
4. **Si ha una fase di follow up facilmente**
5. **È molto facile capire etc**

Gli svantaggi del James 5, 4, 3, 2, 1'equazione

1. **Sostituendo il sia la maggior parte dell' equazione può essere confuso**
2. **Miscele di alfabeto possono portare ad un errore se non viene data una concentrazione completa**
3. **Esso conduce alla creazione di equazioni che possono anche essere causa di confusione**

Questa è la forma di James passo equazioni è semplice e pura ed è dimostrare a noi che le equazioni possono essere manipolati per noi per ottenere risposte finali o un sostituto di serie possono essere manipolati per ottenere le nostre risposte finali.

Per ottenere più domande per risolvere i problemi e migliorare le vostre conoscenze in questo argomento, ottenere la copia del "la Matematica è il tuo cibo" (Giacomo 5, 4, 3, 2, 1 passo equazioni) per risolvere più domande su questo argomento.

Capitolo primo

Conclusione

La fase di James equazioni è una applicazione tecnica destinata a favorire lo studio di un ulteriore atto di trovare i valori sconosciuti o variabili. Come si è visto sopra nei capitoli ed esempi, equazioni possono essere creati anche per ottenere valori incogniti. Inoltre, simultanee di equazione è usato principalmente per ottenere la maggior parte dei veri valori sconosciuto dopo ulteriori equazioni sono creati.

Questa applicazione è riempito con inaspettato atto di sostituendo le equazioni e tutti i matematici e orientato al matematico personalità dovrebbe prendere nota su

- *Come risolvere le equazioni passo per passo*
- *Come sostituire i giusti valori sull'equazione al momento giusto*
- *Come sostituire le equazioni al momento giusto su una determinata equazione*
- *Come risolvere per i valori incogniti su tre equazioni e tre valori incogniti (controllo volume uno di questo libro)*

- **Come garantire collocando il i numeri positivi e negativi al momento giusto Cioè (– × +, – × –)**

Questo libro contiene importanti modi di trovare valori sconosciuti in diversi modi. Inoltre, come il personale di matematica, è anche possibile effettuare una ricerca sulla ricerca del James applicazione su i seguenti passaggi su 6, 5, 4, 3, 2, 1; 5, 4, 5; 7, 5, 4 e così via. Ma abbiamo in mente che solo il James applicazione delle equazioni vi può portare al giusto percorso di trovare i valori incogniti del dato equazioni.

È anche possibile creare passaggi matematici da te stesso e risolverli in ordine per voi alla prova i termini di cui sopra. La loro creazione, risolverli e rendere commento positivo sul nostro sito web su di esso. Gustate il sapore della matematica.

Dal sapore di **matematica**, *la nostra preoccupazione è per voi di essere accademicamente brillante sullo studio della matematica. I nostri libri sono pensati per i principianti (i bambini), il livello di base, il college di livello e anche studenti di istituzioni superiori possono fare uso dei nostri libri. Visita il nostro sito web per sapere dove è possibile acquistare i nostri libri elencati. Il sapore della matematica è davvero preoccupato per voi.*

i. *Come stai affrontando sullo studio della matematica?*

ii. *Hai paura dei rami della matematica?*

iii. *Hai bisogno di libri come uno scopo di riferimento per lo studio più domande da qualsiasi argomento di base in matematica?*

iv. *La matematica è un problema nella tua vita accademica?*

v. *Avete bisogno di rinascita intellettuale sullo studio della matematica?*

Quindi....sapore di matematica è la risposta a tutte le tue domande. Acquistare i nostri libri e liberarsi dall'oppressione della matematica. 100% di successo è garantito a voi quando siete collegati a noi. Vedere i nostri libri elencati di seguito e hanno un grande giorno di anticipo

I nostri libri dal

Sapore di matematica

1. Sapore di Matematica volume 1
2. Sapore di matematica volume 2
3. James Applicazione delle equazioni volume 1
4. James Applicazione delle equazioni volume 2
5. James Applicazione delle equazioni volume 3
6. Il mio formule (volume 1)
7. Il mio formule (volume 2)
8. La matematica è il tuo cibo ..(processo algebrica volume 1)
9. La matematica è il tuo cibo ..(processo algebrica volume 2)
10. La matematica è il tuo cibo ..(alfa e beta di volume 1)
11. La matematica è il tuo cibo ..(alfa e beta di volume 2)
12. La matematica è il tuo cibo ..(processi aritmetica volume 1)
13. La matematica è il tuo cibo ..(processi aritmetica volume 2)
14. La matematica è il tuo cibo ..(progressione aritmetica volume 1)

15.   *La matematica è il tuo cibo ..(progressione aritmetica volume 2)*

16.   *La matematica è il tuo cibo ..(teorema binomiale volume 1)*

17.   *La matematica è il tuo cibo ..(teorema binomiale volume 2)*

18.   *La matematica è il tuo cibo ..(Modifica del soggetto formula volume 1)*

19.   *La matematica è il tuo cibo ..(sezione conica volume 1)*

20.   *La matematica è il tuo cibo ..(sezione conica volume 2)*

21.   *La matematica è il tuo cibo ..(Modifica del soggetto formula volume 2)*

22.   *La matematica è il tuo cibo ..(Decimal volume 1)*

23.   *La matematica è il tuo cibo ..(Decimal volume 2)*

24.   *La matematica è il tuo cibo ..(differenziazione volume 1)*

25.   *La matematica è il tuo cibo ..(Decimal volume 2)*

26.   *La matematica è il tuo cibo..(gradi e radianti) Volume 1*

27.   *La matematica è il tuo cibo..(gradi e radianti) Volume 2*

28.   *La matematica è il tuo cibo ..(elevazione e depressione volume 1)*

29.   *La matematica è il tuo cibo ..(elevazione e depressione volume 2)*

30.   *La matematica è il tuo cibo ..(equazioni simultanee volume 1)*

31.   *La matematica è il tuo cibo ..(equazioni simultanee volume 2)*

49. *La matematica è il tuo cibo ..(matrici volume 2)*

50. *La matematica è il tuo cibo ..(Misurazione volume 1)*

51. *La matematica è il tuo cibo ..(Misurazione volume 2)*

52. *La matematica è il tuo cibo ..(Numero volume di base 1)*

53. *La matematica è il tuo cibo ..(Numero volume di base 2)*

54. *La matematica è il tuo cibo ..(numero sostituzione volume 1)*

55. *La matematica è il tuo cibo ..(numero sostituzione volume 2)*

56. *La matematica è il tuo cibo ..(logaritmo volume 1)*

57. *La matematica è il tuo cibo ..(logaritmo volume 2)*

58. *La matematica è il tuo cibo ..(volume logico 1)*

59. *La matematica è il tuo cibo ..(volume logico 2)*

60. *La matematica è il tuo cibo ..(Statistiche volume 1)*

61. *La matematica è il tuo cibo ..(Statistiche volume 2)*

62. *La matematica è il tuo cibo ..(linea retta della geometria volume 1)*

63. *La matematica è il tuo cibo ..(linea retta della geometria volume 2)*

64. *La matematica è il tuo cibo ..(numeri irrazionali volume 1)*

65. *La matematica è il tuo cibo ..(numeri irrazionali volume 2)*

66. *La matematica è il tuo cibo ..(Trigonometria volume 1)*

67. *La matematica è il tuo cibo ..(Trigonometria volume 2)*

68. *La matematica è il tuo cibo ..(Variazione volume 1)*

69. *La matematica è il tuo cibo ..(Variazione volume 2)*

70. *La matematica è il tuo cibo ..(linea parallela geometria volume 1)*

71. *La matematica è il tuo cibo ..(linea parallela geometria volume 2)*

72. *La matematica è il tuo cibo ..(parziale frazione volume 1)*

73. *La matematica è il tuo cibo ..(parziale frazione volume 2)*

74. *La matematica è il tuo cibo ..(Permutazione e combinazione volume 1)*

75. *La matematica è il tuo cibo ..(Permutazione e combinazione volume 2)*

76. *La matematica è il tuo cibo ..(Polygon volume 1)*

77. *La matematica è il tuo cibo ..(Polygon volume 2)*

78. *La matematica è il tuo cibo ..(polinomi volume 1)*

79. *La matematica è il tuo cibo ..(polinomi volume 2)*

80. *La matematica è il tuo cibo ..(probabilità volume 1)*

81. *La matematica è il tuo cibo ..(probabilità volume 2)*

186. *Matematica per principianti volume 1 (conteggio di numeri)*
187. *Matematica per principianti volume 2 (conteggio di numeri con forme)*
188. *Matematica per principianti volume 3 (riempiendo gli spazi con numeri)*
189. *Matematica per principianti volume 4 (l'apprendimento di frazioni)*
190. *Matematica per principianti volume 5 (i numeri pari)*
191. *Matematica per principianti volume 6 (i numeri pari...pratico)*
192. *Matematica per principianti volume 7 (i numeri dispari)*
193. *Matematica per principianti volume 8 (i numeri dispari....pratica)*
194. *Matematica per principianti volume 9 (i numeri primi)*
195. *Matematica per principianti volume 10 (i numeri primi....pratica)*
196. *Matematica per principianti volume 11 (l'orologio in tempo)*
197. *Matematica per principianti volume 12 (l'orologio in tempo....pratica)*
198. *Matematica per principianti volume 13 (numero di parole)*
199. *Matematica per principianti volume 14 (numero di parole....pratica)*
200. *Matematica per principianti volume 15 (l'aggiunta)*
201. *Matematica per principianti volume 16 (l'aggiunta....pratica)*
202. *Matematica per principianti volume 17 (sottrazione)*

203. *Matematica per principianti volume 18 (La sottrazione....pratica)*
204. *Matematica per principianti volume 19 (moltiplicazione)*
205. *Matematica per principianti volume 20 (La moltiplicazione....pratica)*
206. *Matematica per principianti volume 21 (divisione)*
207. *Matematica per principianti volume 22 (La Divisione....pratica)*
208. *Matematica per principianti volume 23 (La radice quadrata e la radice cubica)*

Più libri da noi sono sul modo di educare voi per lo studio della matematica. Siamo impegnati, affidabile, robusta ed efficace per aumentare il vostro quoziente intellettuale dello studio della matematica. Soggiorno colla per il nostro sito e blog per ulteriori informazioni. Avere un tempo meraviglioso con noi

AVVISO IMPORTANTE agli studenti adorabile, DOCENTI E CLIENTI

Ci scusiamo per eventuali errori topografica in questo libro. Il sapore della matematica è una società di proprietà di matematica inglese. Gli errori non sono intenzionali e faremo del nostro meglio per riconoscere le e-mail e commenti sul nostro sito. Inoltre, abbiamo gentilmente vi invitiamo ad accettare noi e proteggere i nostri libri per aiutarvi ad avere successo nella vostra carriera matematica. Siamo inoltre felici di farvi sapere che tutti i nostri libri sono tradotti verso le seguenti lingue per la tua vacanza lingua e di interesse desiderato;

- *Lingua inglese*
- *Lingua italiana*
- *Lingua tedesca*
- *Lingua francese*
- *Lingua spagnola*

Seconda della lingua preferita, l'acquisto di libri, risolve da esso, imparare da esso inculcare da esso e godere il sapore della matematica